我的第一本科学漫画书

科学实验王

升级版

KEXUE SHIYAN WANG

2 牛顿运动定律

NIUDUN YUNDONG DINGLV

[韩] 小熊工作室/著
[韩] 弘钟贤/绘
徐月珠/译

二十一世纪出版社集团
21st Century Publishing Group

审订序

通过实验培养创新思考能力

少年儿童的科学教育是关系到民族兴衰的大事。教育家陶行知早就谈到："科学要从小教起。我们要造就一个科学的民族，必要在民族的嫩芽——儿童——上去加工培植。"但是现代科学教育因受升学和考试压力的影响，始终无法摆脱以死记硬背为主的架构，我们也因此在培养有创新思考能力的科学人才方面，收效不是很理想。

在这样的现实环境下，强调实验的科学漫画《科学实验王》的出现，对老师、家长和学生而言，是件令人高兴的事。

现在的科学教育强调"做科学"，注重科学实验，而科学也必须贴近孩子们的生活，才能培养孩子们对科学的兴趣，发展他们与生俱来的探索未知世界的好奇心，《科学实验王》这套书正是符合了现代科学教育理念的。它不仅以孩子们喜闻乐见的漫画形式向他们传递了一般科学常识，更通过实验比赛和借此成长的主角间有趣的故事情节，让孩子们在快乐中接触平时看似艰深的科学领域，进而享受其中的乐趣，乐于用科学知识解释现象、解决问题。实验用到的器材多来自孩子们的日常生活，便于操作，例如水煮蛋、生鸡蛋、签字笔、绳子等；实验内容也涵盖了日常生活中可应用的科学常识，为中学相关内容的学习打下了基础。

回想我自己的少年儿童时代，跟现在是很不一样的。我到了初中二年级才接触到物理知识，初中三年级才上化学课。真羡慕现在的孩子们，这套“科学漫画书”使他们更早地接触到科学知识，体验到动手实验的乐趣。希望孩子们能在《科学实验王》的轻松阅读中爱上科学实验，培养创新思考能力。

北京四中 物理教研组组长
物理高级教师 **厉璀琳**

作者序

伟大发明都来自科学实验！

所谓实验，是指在特定条件下，通过某种操作使实验对象产生变化，并观察现象，分析其变化原因。许多科学家利用实验学习各种理论，或是将自己的假设加以证实。因此实验也常常衍生出伟大的发现和发明。

炼金术是利用石头或铁等制作黄金的科学技术。以“万有引力法则”闻名的艾萨克·牛顿（Isaac Newton）不仅是一位物理学家，也是一位炼金术士；而据说出现于“哈利·波特”系列中的尼勒·乐梅（Nicholas Flamel），也是以历史上实际存在的炼金术士为原型。虽然炼金术最终还是宣告失败，但在此过程中经过无数挑战和失败所累积的知识，却进而催生了一门新的学问：科学。无论是想要验证、挑战还是推翻科学理论，都必须从实验着手。

主角范小宇是个虽然对读书和科学毫无兴趣，但在日常生活中却能不知不觉灵活运用科学理论的顽皮小学生。学校自从开设了实验社之后，便开始发生一连串的意外事件。对科学实验毫无所知的他能否克服重重困难，真正体会到科学实验的真谛，与实验社的其他成员一起，带领黎明小学实验社赢得全国大赛呢？请大家一起来体会动手做实验的乐趣吧！

目录

人物介绍

范小宇

所属单位：黎明小学实验社

观察内容：

- 永远信心十足。
- 善于将科学理论应用于日常生活中。
- 目标是勇夺全国实验大赛冠军！

观察结果：将以往过人的生意头脑，淋漓尽致地发挥在科学实验领域。

江士元

所属单位：黎明小学实验社

观察内容：

- 众人公认的天才。
- 在任何时候都能保持冷静、沉稳。
- 不认同小宇是实验社的一分子。

观察结果：虽然个性有点孤僻，但能够适时扮演实验社的领导角色。

罗心怡

所属单位：黎明小学实验社

观察内容：

- 对顽皮的小宇总是给予体贴的关怀。
- 非常喜欢实验，同时拥有丰富的科学知识。

观察结果：是一个非常热爱实验的女生。

何聪明

所属单位：黎明小学实验社

观察内容：

- 只要有空，就会做笔记。
- 整天和小宇吵闹不休。
- 对新知识特别感兴趣。

观察结果：对无意间加入的黎明小学实验社有莫大的贡献。

林小倩

所属单位：黎明小学跆拳道社

观察内容：

· 全国跆拳道大赛冠军得主。

· 对自己不是很有自信。

观察结果：虽然平时沉默寡言又害羞内向，但发起脾气来却无人可挡。

陈宽宏

所属单位：高手小学发明社

观察内容：

· 个性如名字般宽宏大量。

· 科学知识与士元不分轩轾。

· 目标是代表国家参加国际科学奥林匹克大赛。

观察结果：因为比小宇更具主角的特质，所以小宇特别忌妒他。

跆拳道社社长

所属单位：黎明小学跆拳道社

观察内容：

· 非常热爱跆拳道。

· 企图说服小宇参加跆拳道社。

· 对小倩百依百顺。

观察结果：老是制订很荒唐的计划，却又总误以为那是超完美的计划。

其他登场人物

❶ 全力支援黎明小学实验社的校长

❷ 身份不明的黎明小学实验社导师

第一部
全国实验大赛

咔啦
咔啦

咔啦
咔啦

哦？那是小宇！

搭
喂，范小宇，今天这么早啊！

咚
啊……聪明。
哇！你的脸！

你的脸色怎么
这么糟啊？
你该不会昨晚又替
同学们熬夜赶工了吧？
嘿嘿

哈哈，昨晚我赶工
完成了五件活儿呢！
胜利

哦？照你这么说，
你应该很快就可以
还我钱啰？
当然啰！
呀

自从我们赢了上次和
太阳小学的比赛之后，
我接的活儿数量
暴增好几倍呢！
咔啦啦
啊！
咔
啦

唉，烂自行车！
链子又掉了！
气炸

唉，我一定要想办法
换一辆新的！
抱怨不停

喂，每天只会做白日梦
的穷光蛋，我们快迟到了，
别再拖拖拉拉的！
重创
穷光蛋？

好，今天我就让你
死在穷光蛋的手里！
啊，对不起！
住手！

以后眼睛给我放亮一点！
赶快走吧，快迟到了。
咔啦

啊！
怎么会突然
刮起风啊？
呜
呜
呜
呜
呜

嗯？
眨眼

啊，怎么
冒出一辆车？
啊！
咔！

呀！看我
拼命躲闪！
唰

哎呀呀！
晃
摇

嘎
哦，
老天爷啊，
请你救救我
吧！

哐哐哐
呜啊！
砰咚
咚

咔啦
你这家伙！
你有没有长眼睛啊？

啊！
我的天
啊！
划痕 划痕

明明我的车把
已经转向了，为什么我还会
倒向汽车那一边呢？
唰
哈哈哈

你这个家伙，
现在马上带我去见
你的父母！
抓
咦？

不要啊，叔叔！如果让他们知道
我又惹是生非，他们一定会把我
赶出家门的……
呜
哇
哇

真是
的！
我一定会负责
赔偿的，您就
饶了我吧！

你有没有搞错啊！
你真以为你赔得起吗？你知道这辆车的
维修费用要多少钱吗？
咚
咦？
请问……
要多少钱啊？

发生了什么事？我快要迟到了。
咔啦
啊，
士元……

咦，你是江士元？
啪

你们是朋友吗？
灵光一现

当然啰！我们岂止是好朋友，
还是实验社的好搭档呢！
哈哈
努力撒娇
原来如此……

您的朋友不小心
把车子划成这样了，
请问该怎么办呢？

……
啪
什么怎么办，
当作没事就
好啦！喂，
你说是不是？
这件事
其实我们
也有错。
哦，他的
意思应该
是……

你就负担一半的
维修费用吧！
打击

喂，
我们可是
好朋友！

谁说我们是朋
友？我怎么不
记得有你这样
的朋友呢？

咔嚓
你就等着收维修费用单吧！
……
怒气冲天
喂，江士元！
戳
你给我听清楚，总有一天我会让你好看！
……
走吧，朋友！
哼
咔
咚
这是哪儿来的污垢？臭小子，居然弄脏我的衣服！
愤怒
付不起就说一声，干吗戳人家的鼻孔？

啪

江士元，先去照照镜子吧，你一定会气炸的！
哈哈哈
室内鞋，好久不见！

说到你要负担的维修费，我算过了，你只要想办法每天接5件5元的活儿……
乌云笼罩

连续做两年应该就可以还清了。
倾盆大雨

我在笔记本上看到一句可以送给你的俗语：“屋漏偏逢连夜雨”。哈哈哈！
灵感
你！给我……

站住！
啊！
滑倒

聪明！
你没事吧？
哦，好痛！
烂室内鞋，害我
膝盖受伤……

真是的，
干吗怪
室内鞋？
发飙
你知道新的
室内鞋走
起来有
多滑吗？
真的呀，听你这么一说，
你好像从没滑倒过！
有什么秘诀吗？
哼！
我当然知道新的室内鞋很滑呀！
不过你有没有想过我的
为什么不会滑呢？
哼哼
哼，你想知道吗？秘诀就是……
得意
砰咚
啊！

你没事吧？你已经滑倒很多次了……
呜
哎哟，自从换了新的室内鞋之后，我就老是滑倒。这双室内鞋真的太滑了！

你看，我就说问题出在室内鞋嘛！
啧啧
没错，我应该……

不过很奇怪，你为什么都不会滑倒呢？
……

自助者，天助也！呵呵呵。
自言自语
你在干吗？

室内鞋
专业修理
※一律5元 （前50名优惠
锵锵
！！
来来来，室内鞋专业维修哟！售后服务完善，一经付款，恕不退费！

堆积如山

来，请各位同学
翻到第35页。
那些室内鞋
是怎么回事？

你到底打算怎么处理
那些室内鞋呀？光是
耗材费用就会花你
不少钱呢！
哼！
呵呵，这可是
商业机密！
窃窃私语
窸窸
窣窣

沙沙沙
哎哟！
你就告诉我嘛，
我来帮你呀！
喂。
哼，休想！
我才不要告诉你
这种家伙！
你们两个！
是不是皮痒？
惊吓
哇呀！好痛！

再举高一点！
老师，请您原谅我们吧！

焚化炉

吃力
哎哟，好重哟！

现在的男孩子真是没良心！
窸窣 窸窣
再生资源回收
居然忍心让女孩子做这种粗重的工作。

更离谱的是让我们做这种苦差事！
没错，没错！
哗啦啦

沙沙沙沙
惊悚

阴森
吓我一跳，她到底什么时候来的呀？
你不知道吗？她是全国跆拳道大赛冠军得主——林小倩。
别看她瘦瘦的，她的外号可是“女金刚”呢！
噗！
……
不好意思……你们说我的外号叫什么？
哎哟，你的外号叫作……
女金刚啊！
阴森
落荒而逃
女金刚……比母水牛或母河马好听啊……

呼……
没关系。
砰

我不在乎别人怎么叫我。
为了达成我的梦想，
我一定要加油！
握拳

我一定要拿下世界首届跆拳道
男女混合赛的冠军！
嘿呀！
踢
哇，
这个好棒！

啊！
砰

是哪个家伙！竟敢在神圣的
校园内乱丢垃圾桶砸人！
跳
怒气冲冲
天啊
……

对不起，我绝对
不是故意的……
沙沙沙
惊吓
嗯？你是……
嗯？
发飙
你不觉得
太离谱了吗？
什么？
你班上的男同学到底有没有良心啊？竟然
狠心让你这种弱女子做这种苦差事！
抬
他们到底懂不懂
什么叫体贴呀？
我来帮你，
你不用
担心！
哗啦啦
我是……
弱女子？

小倩眼中的小宇
来，搞定了。
闪亮
我是5班的小宇。

以后这种差事就交给我吧，我会算你便宜一点的！
再见
失魂

失魂
他说称霸全国跆拳道大赛的我是弱女子？还说会随时帮我？
他那温柔的语气、体贴的心，没错，他就是一个真正的绅士！
5班的小宇……
沙沙沙沙沙
他真是个温暖的人！

嗯？
好热闹哟！
哗哗
窸窣
哗哗
哗哗

发生了
什么事啊？
让我看一下。

黎明小学之光
冠军
奖金
1万元
称霸全国
铮铮
啊，那不是我的
全国大赛冠军照吗？
太棒了！

她就是出了名的跆拳道
神童林小倩吗？好厉害，
全国冠军呢！
哗哗
这还用说，其他
社团哪能跟跆拳道社
相提并论啊！
哗哗
我们学校
最棒的社团
就是跆拳道社。
哗哗
她长得蛮
可爱的呢！

你们有没有搞错啊？实验社才是最棒的！
只要我在实验社一天，实验社就是全校第一的社团！
沙沙沙沙

还有那个女孩子！
愣住

我敢说她一定没有男朋友！你们说，哪个男孩子敢和一个称霸全国跆拳道大赛的女孩子交往啊？
颤抖
颤抖
除非是武林至尊。哈哈哈！
全身颤抖
你……

啪
黎明小学
啊！
嚓
奖金
1万元
称霸全国

不敢相信！范小宇竟然讨厌全国跆拳道大赛冠军林小倩！
是谁啊？
哔哔哔哔
咚咚
嗒嗒嗒

其实你是在忌妒她吧？
虚

我很怀疑我们学校的实验社能不能参加全国大赛呢！
哈哈哈哈

再怎么说，林小倩都参加过全国大赛，还拿下冠军呢！
没错，下次见到她，我一定跟她要签名照。
范小宇，你还是回去修理我们的室内鞋吧！

等着瞧！总有一天，你们一定会目睹实验社参加全国大赛！
咚咚

……
呜呜呜

哼，等着瞧吧！
奖金1万元
称霸全国

嗯？那是……

奖金1万元
咚咚咚

天啊，
这是什么？难道
说称霸全国就有
奖金可以拿吗？

扑通
扑通
好，太好了！
只要能够参加全国
科学大赛并拿下
冠军，就可以用
这笔奖金……
扑通

还清所有的
债务。
甚至可以打败
士元，让心怡刮
目相看！
买新的自行车。
斗志
一次解决所有问题！

利用惯性寻找水煮蛋

一颗水煮蛋不小心跟一堆生鸡蛋混在一起了，该如何把它挑出来呢？

或许我们可以打破所有的鸡蛋，直到找出水煮蛋为止，但是这样太麻烦，又太浪费。有一个更简单的方法，就是利用惯性。现在我们就动手进行实验，在长得几乎一模一样的一堆鸡蛋中，找出水煮蛋吧！

实验1 旋转吧，水煮蛋！

准备物品：水煮蛋一颗、生鸡蛋一颗、签字笔、绳子

❶ 先用签字笔在两颗鸡蛋表面做不同的记号，以利于区分。

❷ 用绳子将两颗鸡蛋绑紧，并吊挂在适当的地方。

❸ 一手握一颗鸡蛋，在手心轻轻转动，使两条绳子扭转的次数相同，然后将双手同时放开。

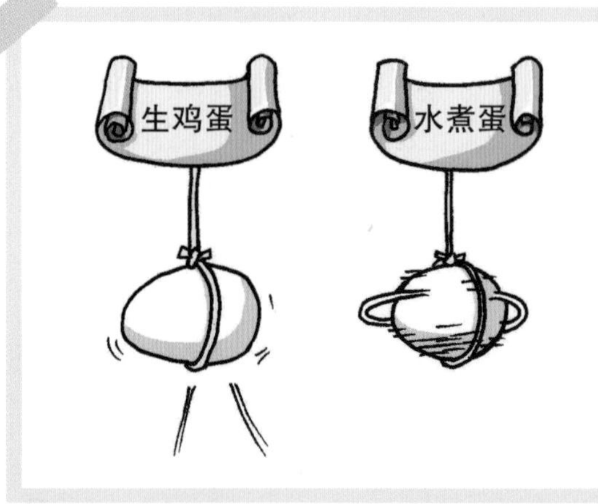

④ 其中一颗鸡蛋会快速旋转很久，另一颗晃动几下后则会立刻停止。

⑤ 旋转较久的是水煮蛋，先停止旋转的则是生鸡蛋。

这是什么原理呢?

你知道水煮蛋和生鸡蛋最大的差异是什么吗？答案就是水煮蛋的内部为固体，生鸡蛋的内部为液体。两者在运动中所产生的差异，可以用惯性来解释。在上述实验中，当我们旋转外壳和内部皆为固体的水煮蛋时，鸡蛋的各个部分会以相同的运动状态旋转很久；但生鸡蛋内部的蛋白和蛋黄都属于液态，与外壳并不是一体的，因此，当生鸡蛋的外壳开始旋转后，其内部液体在惯性的作用下却仍然可能保持静止状态，没有办法与外壳同步运动，所以会拖慢外壳旋转的速度，使鸡蛋没转多久就停下来了。

实验2　停止吧，水煮蛋！

准备物品：水煮蛋一颗、生鸡蛋一颗

❶ 将两颗鸡蛋放置于桌面，并用手指拨动，使之旋转。

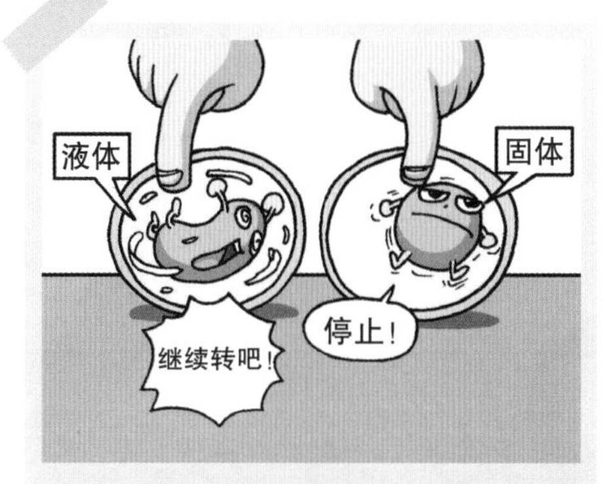

❷ 用手指轻轻触碰旋转中的鸡蛋，使之停止后，立即将手指移开进行观察。

❸ 当手指移开时，水煮蛋保持停止状态，而生鸡蛋恢复慢速旋转。

这是什么原理呢？

水煮蛋由于外壳和内容物以固体状态相互结合成了一个整体，所以鸡蛋的各部分会进行相同的运动。因此，用手指轻轻触碰旋转中的水煮蛋并使之停止旋转时，内容物会随着外壳的停止而停止。反之，触碰旋转中的生鸡蛋时，外壳虽然会立即停止运动，但液体内容物会因为惯性而持续旋转，所以即使移开手指，内容物仍会维持旋转状态，进而牵引着外壳恢复旋转。

第二部
摩擦力的
秘密

嗯？你是在问……
科学大赛的奖金
有多少吗？
实验室
是！全国科学大赛应该
会颁发优胜奖金吧？

那是当然的啰！
我想一下……
嗯
扑通
扑通

只要能够挤进县内前四名就可以
获得参赛资格。而拿下冠军的话，
奖金应该是……大约10万吧！
扑通
10万？我得修理
多少室内鞋才能赚到
这么多钱啊？
发亮

也就是说，10万由4个人平分，
每个人可以分得2万多！
锵锵锵

还可以取得国际奥林匹克
科学大赛的参赛权。
嗯？

如果又拿下冠军，
不仅能拿到巨额奖金……
咚咚

更有机会以对人类有重大贡献的
科学家身份，获颁诺贝尔奖奖金
1000万瑞典克朗。
换算成人民币大约是……
呼呼
紧张
请问是
多少呢？
紧张

大约是650万吧！
再加上其他林林总总
的收入，我想应该
不止这些金额吧！
咚咚咚
650万！
我要修理多少室内鞋？
我的天啊！

但想要得到这些奖金，
想必需要能使物体改头换面
的“魔力”了。你说
是不是啊？

咦？
愣

嗖
改变脸形？
改变头形？
瞬间移动？
改变方向？
老师，您是指
变魔术吗？

哈哈
我说的“魔力”
只是比喻啦！
唉，害我听得
一头雾水。
哈哈

只要有钱赚，
我甚至可以使出
吃奶的力气！
斗志
你未免也太爱钱
了吧……

老师好！
啊，心怡！
嗒嗒嗒
哦，小宇，你也在呀！

同学们，我们一定要取得全国大赛的参赛资格哟！拜托！
啊！
吓！
沙
拥抱

今天没有实验课程，你们怎么会过来呢？
恶心死了，滚开！

是校长交代我们午餐时间在实验室集合的。

校长？会是什么事呢？
你很好奇吗？我来告诉你吧！
呆住！
唰唰唰

阴森
校长，改变命运的时刻是指什么呢？
嗖
这是改变命运的时刻！我们实验社的春天终于来了！
咦？他怎么会在那里？
转身
哈哈，小宇啊！你想不想拿全国大赛的奖金啊？
那是当然的啰！

同学们，注意听！今天……
呼
全国大赛的第一关——县内科学创意大赛的日程表终于出炉了！
紧张
紧
握
……

县内科学创意大赛!
咚
咚
咚

太棒了!我们终于可以参加科学创意大赛了!
记录，记录!
哇

太好了!这次的冠军非我们莫属!

什么叫作冠军非我们莫属？你未免也太异想天开了吧？
唉
石化

在我们县内的小学里，设有实验社的就超过30所。要和这么多学校竞赛，必须通过的挑战可不是开玩笑的。
30多所学校？太多了吧!
竟然得和30多所学校竞赛!

首先，淘汰赛是以4所学校为一组，竞赛后，每组得分最高的2所学校晋级16强。
锦标赛则经过16强、8强赛制，晋级4强的学校才能取得全国大赛的参赛资格。
锦标赛 全国大赛赛程
淘汰赛
A组
B组
C组
咚咚
每轮比赛都用单场淘汰制，所以很容易就能够分出高下。

可谓既简单又有效的方法。
什么叫作简单？光是县内大赛就要比那么多场！
发飙
就像世界杯呀，优胜晋级的队伍继续比赛,获胜者才能一直晋级。
装懂
哦，原来如此！

你这样讲我就懂了。哪像他把这么简单的事情讲得那么复杂!
呵呵呵
……

哈哈哈
哈哈哈
我准备去参加选组抽签了！
在出发之前，我希望你们
能带给我好运！
哇哇哇
来！
伸手
校长在干吗？
?
过来一起喊加油啊！
吼
黎明小学实验社，加油！
呐喊
加油！
哇啊啊啊

哔哔哔哔哔
叽里呱啦
哇！
太神奇了！
5 班
踩
踩
真的一点
都不滑！
哇哦
我以后
不用再担心
会滑倒了！
踩
哼，当然啰！
放一百个心吧！
踩
咦？怎么可能？
踩

咔啦
你到底是怎么办到的？
告诉我嘛！
哈哈，秘密就在于室内鞋的鞋底。
嘿嘿嘿嘿
咦？鞋底？
哔哔
咦，这不是百洁布吗？
我的也是！
我的看起来像无纺布！
哇！
哔哔
哔哔

没错，而我的鞋底则是粘了准备要丢掉的室内鞋内衬。

真是太强了！你这也是从实验社学来的吗？
是什么原理？告诉我嘛！
慌张

原理？唉，
就算我告诉你们，
你们也不会明白的。
心虚 心虚

你可以很简单地告诉他们啊！就是利用了摩擦力！
咚咚

小宇
眼中的心怡
好厉害哟！
懂得运用摩擦力
来修理室内鞋，
真让人佩服呀！

咚
不过，“摩擦力”
到底是什么？是巧
克力的一种吗？
我来告诉你。
靠近
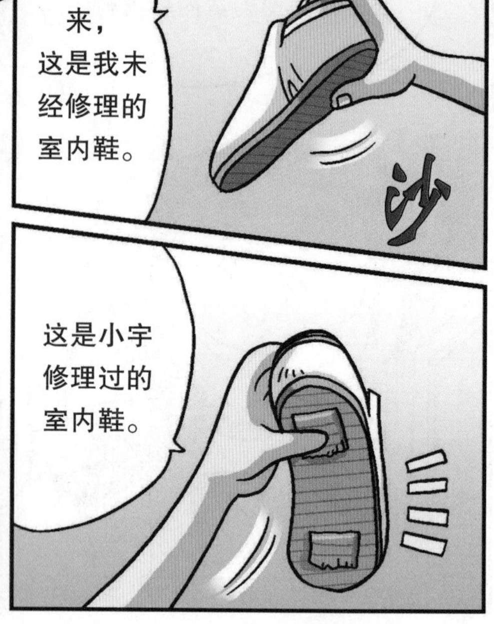
来，
这是我未
经修理的
室内鞋。
沙
这是小宇
修理过的
室内鞋。

现在把这两只室内鞋，
同时并排放在书包上……
沙
沙
心怡的
小宇的

然后把书包像这样稍微倾斜。
沙

滑溜溜
哇，未经修理的鞋马上滑下来了！
啪

小宇的室内鞋却没有滑动呢！
七嘴
怎么会这样呢？
八舌
这是因为摩擦力的关系吗？
小宇的室内鞋
没错，所谓摩擦力，就是当一物体与另一物体沿接触面的切线方向运动或有相对运动的趋向时，在两物体的接触面之间阻碍它们相对运动的作用力。
摩擦力↓
摩擦力↑

轮胎
瓷砖
足球鞋
汽车轮胎上的花纹、浴室地板瓷砖的凹痕、足球鞋的鞋钉，都是利用摩擦力的原理。
哦哦哦

嗯……
原来如此，这就是所谓的摩擦力啊！

了不起！真没想到你懂的科学知识如此丰富。
啪
哈哈！哎呀，对我而言，这是小意思啦！
好棒哟！

叽里呱啦
继续加油，我相信你一定可以称霸全国大赛的！
那是当然的啰！

紧张
范小宇……原来你喜欢科学……
紧张
对了！我的这双鞋也麻烦你……
等一下！是我先来的！

跆拳道社
什么？
你再说一次！
即日起，我想退出跆拳道社。
请社长代我
转告老师吧！
咚
咚
你缺席这么多天
也就罢了，现在
还说要退出？
没错，我想退出了。

你到底是
怎么了？好歹
给我一个理由。
这个嘛
……

我只想说
给你听。
竖耳 竖耳

窃窃私语
什么！真的吗？
5班的范小宇？
他……他不喜欢
学跆拳道的女孩子？
所以你才决定退出？
叽咕

哼，
原来如此……
咚咚咚

不过，小倩！你可是
大家公认的跆拳道神童，
这点连我都无法否认。
呼 呼

而且你比任何人都热爱跆拳道，
怎么可以为了其他事而放弃前途呢？
认同
认同

好！那就想办法
兼顾跆拳道和
友情，不就得了！
哇哈哈哈
啊？兼顾？
哦哦哦
失去像你这样
的天才，对跆拳
道界是莫大的
损失。
嚓

跳起
咿呀！
啪

抖抖抖抖

我有办法让
你兼顾跆拳道
和友情。
交给我就对了！

我……
知道了……
怀疑

实验室
好，今天到此为止！
为了准备县内科学大赛，
即日起会每天上课，
各位同学，明天见。
好，遵命！
加油！
哈哈哈
嗯
这……这个嘛……
这……这是……
紧张
紧张
喂……
士元！
等一下。
嗯

这是……
锵
电影票？
噗！
《牛顿的故事》儿童剧入场券，
听说剧情和科学实验
有关哟！
沙沙

你愿意陪我去看吗？
愤怒

这是我爸爸的
公司主办的。

所以从筹备到现在，
我应该看过不下
六次吧！
呆

还蛮好看的，你也去看看吧！
嗡嗡嗡嗡
好！

咚

冒出
心怡！
惊吓

嘿嘿
我很想去看《牛顿的故事》，可是找不到人陪我去！

哦，是吗？太好了。
拿……拿去……
紧张
紧张
紧张
他该不会想拿去卖吧？

终于有机会
可以和心怡出去玩了！
耶！我该不会
是在做梦吧？
跟心怡出去玩
对了，心怡！
嗯？怎么啦？

就算我已经看过100次，
但只要你开口，我二话
不说，一定陪你去！
锵
锵
嗯，谢谢你……

改变世界的科学家——牛顿

艾萨克·牛顿
(Isaac Newton，1643—1727)
英国科学家。在数学和物理学领域留下无数辉煌的成果，奠定了现代基础科学的基础。

牛顿发现了运动定律、万有引力，在光学、微积分等领域也留下了辉煌的成果，是近代理论科学的先驱者。

牛顿从小就热衷于科学实验。1661年，他就读于剑桥大学的三一学院，但由于四年后黑死病暴发，学校被迫临时关闭，他不得不返回故乡。此后，他致力于思考和实验，并广泛地研究数学、光学、天文学和力学等问题。他在家附近的果园看到苹果从树上掉下来，从而发现万有引力，这个知名故事就发生于这个时期。而他提出力学的三大定律和万有引力定律的旷世巨作《自然哲学的数学原理》，与达尔文进化论的代表作《物种起源》，被后世科学家誉为“人类史上最重要的科学书籍”。

牛顿汇整了惯性定律、运动定律、作用力与反作用力定律，建构了现代物理学的基础——牛顿力学；而他在微积分领域中也有重大突破，奠定了高级数学的基础；此外，他还利用三棱镜分解日光，发现白光是由不同颜色(即不同波长)的光构成，为光谱分析奠定基础，并制作了牛顿色盘，在光学领域也留下了傲人的成果。

他通过诸多实验与研究所建构的理性科学观点——“自然界不过是一个按某种法则运转的巨大的机械装置”，也为18世纪“启蒙运动”的发展带来极大的影响。

牛顿之所以被推崇为主导近代科学革命的伟大科学家，就是因为他广泛的研究、无数辉煌的成果，以及从不放弃的实验精神。

第三部
名不见经传

哔哔
哔哔
NEWTON
哔哔
NEWTON
牛顿剧场
入口

售票口
哔哔
哔哔
哔哔

哇，没想到
来看这种儿童剧
的学生还真不少
呢！
左看看
右看看
NEWTO

好，这里是我和心怡
约会的好地方。一定
要让她看到我
帅气的一面！
小宇，你好
帅哟！
哼哼

她怎么
还没有
出现呢？
嗯？

啊，
心怡！
跑
啊！闪开！
唰啦

谁啊？
转身
咔咔

砰
呜哇！

哎呀，好痛！
哼！
原来是我
看错了。

发飙
你在搞什么啊？
你难道没长眼睛吗？
什么？
气

搞清楚，
是你先挡了我的路！

哎呀，
你想耍
赖呀？
不然，
你想怎样？
哼

火
VS
对
决

唰唰
唰唰
沙
宽宏！
你来得正好，
这个家伙……
我在那里看到了。
小绅士，在人群这么
拥挤的地方，你应该
更小心才对吧！
拜托，是因为
这个家伙……
咚
咚
啪
我叫陈宽宏。
你没受伤吧？不好意思，
在公共场所他应该要
多注意才对！
哈哈
嗯？
哼

我们正在测试新发明在道路上的滑行速度。你也知道，操场的地面和实际道路不同……
沙
他听不懂啦！

咦，新发明？
没错，你想看吗？
嚓

……
杂乱

哈！你贴的东西未免也太多了吧！
惊慌

发飙
什么？你敢取笑我们？
我可没有那个意思哟！

目前仍在开发阶段，所以看起来会有点杂乱，不过有很多便利的装置。
滑板
弹簧
轮子
首先，在滑板和车轮之间安装了一段弹簧，以弹力来冲击。
避震装置
照明装置
另外安装了前灯，以备夜间滑行使用。并且改成与车轮连接，可使用本身动力来发电的构造。
而为了以防万一，将刹车装置连接于滑板的后方底端，使作用于车轮的摩擦力提升到最高。
刹车装置
弹簧
动力
滑板
弹力
他在说什么啊？

呵呵呵
除此之外，还有很多功能呢！

这些都是你们自己做出来的吗？
哦哦哦

点头点头

怎么办到的？
嘻嘻
就算说了，你也不懂吧？

这可是非常深奥的科学知识呢！
嘻嘻

哈，关于科学我也略知一二，我可是我们学校实验社的成员呢！
锵
锵

哇，真的？幸会，幸会，我们是发明社的成员。
NEWTO

发明社？
摇头 摇头
Z

没错！发明社是以科学理论为基础，将它融会贯通并运用在日常生活中的。

你的意思是就像爱迪生啰？
留声机
灯泡
爱迪生
没错！世界上最伟大的发明家爱迪生，发明了灯泡、留声机……
Z

你不会是想拿自己和爱迪生相提并论吧？你不觉得自己想得太多了吗？
石化

喂，你到底懂不懂什么叫发明啊？你真是实验社的吗？不要装傻，快说！
Z

豪爽
豪爽
不管怎样，能够遇到对科学有兴趣的朋友，让我感到很荣幸呢！
咦，这个家伙的个性还蛮豪爽的嘛！名字好像叫……宽宏？

表演就要开始了，我们进去吧！
好……

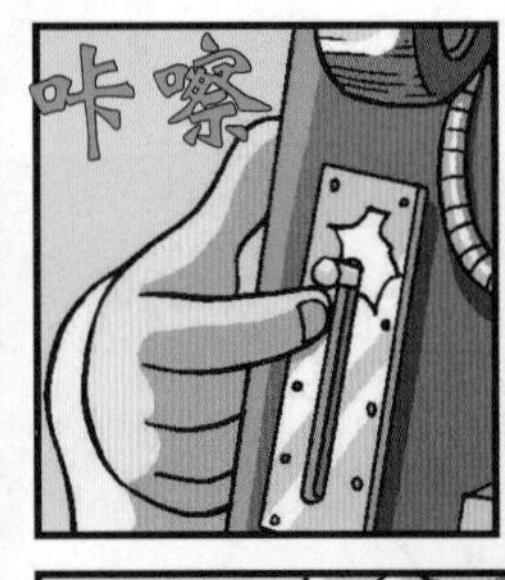
咔嚓

嚓！
哦哦

哇！折叠式！

我们后会有期啰！

……

啊！我好想要
那辆滑板车哟！
哦啊啊啊啊
太酷了！
太完美了！
够快！
嗖嗖
嗖嗖嗖
够便利！
够安全！
比我的破自行车酷上
好几百倍！我好希望有
一辆那种滑板车哟！
砰
怎么啦？这次你又
看中了什么东西？
乐在
其中

啊，何聪明！
你怎么会……
我说你这次又看中了什么东西呀？

你怎么会在这里？该不会也是来看这场表演的吧？
愤怒
愤怒
紧抓
锵锵！我们一起看吧！
该不会是心怡给他的吧？
东张西望
给我闪一边去！我不认识你这种朋友，听懂没？走开！
不会！心怡不会做这种事！我相信她绝不会这么做！

哼，心怡今天不会来的。
她跟我说，
她今天临时有事无法前来。
这张入场券是她给我的！
哈
僵硬

你说……
心怡不会来？
唰啊啊啊
呃！

一切都
结束了……

不能一起出去玩了！
啊啊啊

咔嗒
咔嗒

MART 24
唉……

哼，可恶的家伙！
来，拿去吧！
我是心怡的替身哟！
嘻嘻

停住

停住

停住

别惹我！今天
我可是心情很
……

咚
咚

你就是5班的
范小宇吗？

慌张
不是！
范小宇是谁啊？
我不是5班的，
我不认识他。

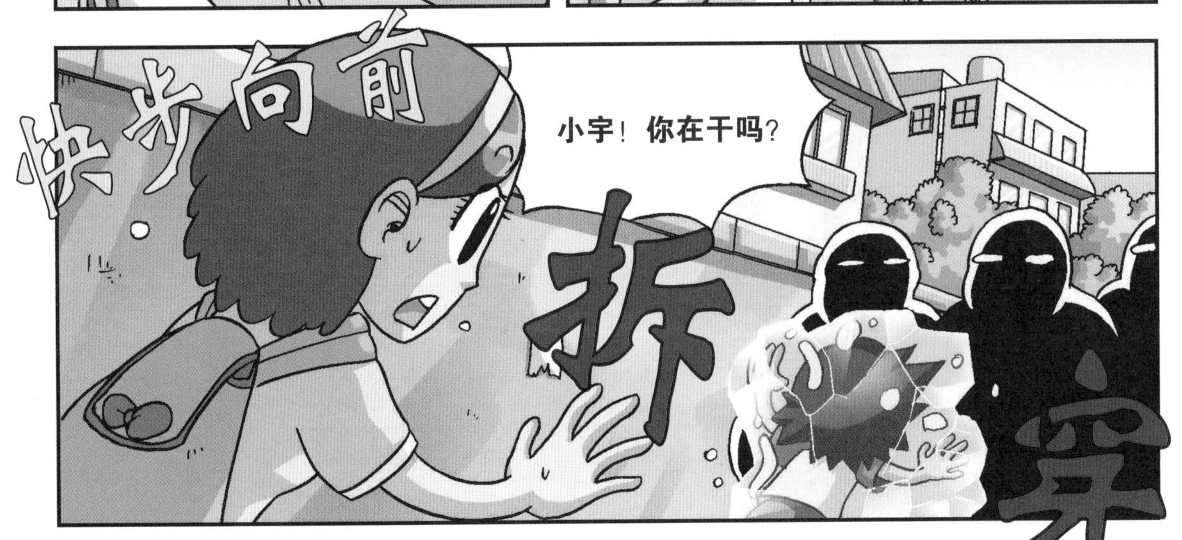
快步向前
小宇！你在干吗？
拆
穿

什么？
你竟敢骗我们？
嘎嘎作响
不……
是你们误会……
我们误会？难道
你是没有名字的笨蛋？
杀气 腾腾

原来如此，
你果然是笨蛋！
呵呵呵呵
不……不是
这样的……
等一下！

啪
你们在干吗？为什么找他的麻烦？
你是谁呀？

不关你的事，给我闪开！
啊！

你竟然动手打心怡！
啊啊啊
你没事吧？
抓
挣扎
挣扎
个子这么小，胆子倒挺大的嘛！
呵呵呵
难道软弱是罪过吗？

没错！软弱是罪过！
咚
咚
不可原谅的罪过！
请问你是？
跆拳道！
哈啊
你在干吗？
嗖嗖嗖
嘿呀！

啪
啪啪啪
呀！
啪啊
呀啊啊
沙沙
哇，太酷了！

呜呜呜
好痛。
投……
投降！
好厉害！
呼
天下无敌
护身术！
沙沙沙
怎么样？你要不要
也学几招啊？
咦？

24小时！
365天！
跆拳道社的大门
永远为你敞开，
范小宇！
咦？

抖抖
抖
跆拳道社？你怎么
会知道我的名字？

小宇，
我会等你的！
转身
大家走吧！
翻身
嗯？
少啰唆，
赶快走！
社长，
你出手太
重了。
天啊，
原来你们
是一伙
的！
是，社长。
噗
噗
噗
噗
起身
搞什么嘛！
呆
万岁！
跆拳道！
黎明！
成群结队

他们是不是吃错药啦？
啊，心怡！
啪
啪

你没事吧？
我没事。
慌张
慌张
没事吗？

没关系，擦点药就好了。
呜呜呜

心怡，你的膝盖受伤了！
呜哇哇

对不起，都怪我没用！
呜啊啊
不，我真的没事。

没错，这是老天爷要我加入跆拳道社的启示！
只要练好跆拳道，我就可以保护我的朋友！
紧握

什么？

我相信学跆拳道不仅可以锻炼身体，也会让我更有男子气概！
超人
如果一直待在实验室，我一定会因为用脑过度而头昏脑涨！
头昏
脑涨

昨天的《牛顿的故事》好看吗？
很抱歉，我没去。
愣住
嗯，还好啦……
哼

牛顿不仅是力学、光学等物理理论的始祖，在数学和天文学方面，也有许多突破性的伟大贡献！

听说这么伟大的牛顿幼年时因身体虚弱，也常常被体格壮硕的同学欺负呢！

果然没错！所以我才说当科学家没什么用嘛！
哼

但是他长大后，打败体格壮硕的同学回到校园，立刻成为同学们心目中的偶像呢！
嗯？

真的？怎么办到的？

对呀，怎么办到的呢？你猜猜看。
眨眼

生气
……

你是在耍我，对吧？
我生气了，哼！
转身
不是啊，
我是说真的。
跨步
离去

牛顿真的打败了体格壮硕
的同学吗？
……
嘿
是真的，所以你
也要加油哟！

谢谢你，
心怡。
加油！
嘿嘿！

小宇，下次再见面时，
我们一定会成为很好的朋友的！
哈哈哈
帅气

实验室
哈哈
哈哈哈哈
……

你们看，老天爷真是太眷顾我们了！我们抽到县内科学大赛的F组了！
唰唰
组别

耶！
我早就猜到了！

哈哈哈！
手舞足蹈
哈哈哈哈！

不过……
F组是什么？
停住
昏倒

F组就是
第6组啦！
砰

组别
F组
?
?
黎明
高手
× ×
× ×
这一组里只有
一所学校的实力
足以媲美本校，
其他都是名不见
经传的学校。
哈！

我们有望进入锦标赛了，
哈哈哈哈！

我们也是名不见
经传的学校吧？
快闪！
逃跑

第一个对决的高手小学和我们一样，也是第一次参赛的队伍！
怎么样？你们说这是不是天上掉下来的礼物啊？
嗯……
肿胀
关于这点，从事科学指导20年的我倒有不同的想法。因为他们是第一次参赛，所以根本无从得知对方的真正实力，更不知道该如何做准备。
……！
其他两所学校成立实验社的时间比我们更早，所以我们不见得有绝对的胜算。
实力不足的一群
心虚
另外，本校实验社的实力尚待加强，培养团队默契更是一大考验。

起身
可是，我们应该也有一些胜算吧？
没有！

充满期待
咔哗
沙

当然！
俗话说，“有志者事竟成”！
只要坚信自己可以办到，就没有什么事情是办不到的！
咚
咚
哈哈！

如何使用酒精灯和弹簧秤

酒精灯

酒精灯是用来加热物质的实验器具。酒精灯使用的燃料大致可分为俗称酒精的乙醇（C_2H_5OH）与工业用甲醇（CH_3OH）。其中，甲醇的挥发性强、燃点低，与其他火源一起使用时需特别小心。甲醇一旦进入人体会造成致命的伤害，所以绝对禁止饮用。

❶ 倒入酒精

❷ 点燃酒精灯

❸ 使用酒精灯加热

❹ 熄灭酒精灯的火焰

❶ 将酒精倒入酒精灯时，酒精不能超过灯壶容积的三分之二，不能低于其容积的四分之一。倒入时应使用漏斗并注意安全。

❷ 酒精灯的灯帽应放置妥当，以免滑动。点火时，应将燃着的火柴头斜向上接触灯芯。点燃后，火柴应丢入准备好的沙箱内。

❸ 在酒精灯火焰上方架设三脚架，以便火焰接触加热物体。在三脚架上放置石棉网后，再放置物体进行加热。

❹ 熄灭酒精灯时，应以45度角扣下灯帽，不可以用嘴吹熄，以免发生危险。

弹簧秤

弹簧秤是利用弹簧受力后的伸长量来度量物体重量的实验器具，可用于度量轻型物体的重量或较小的拉力。

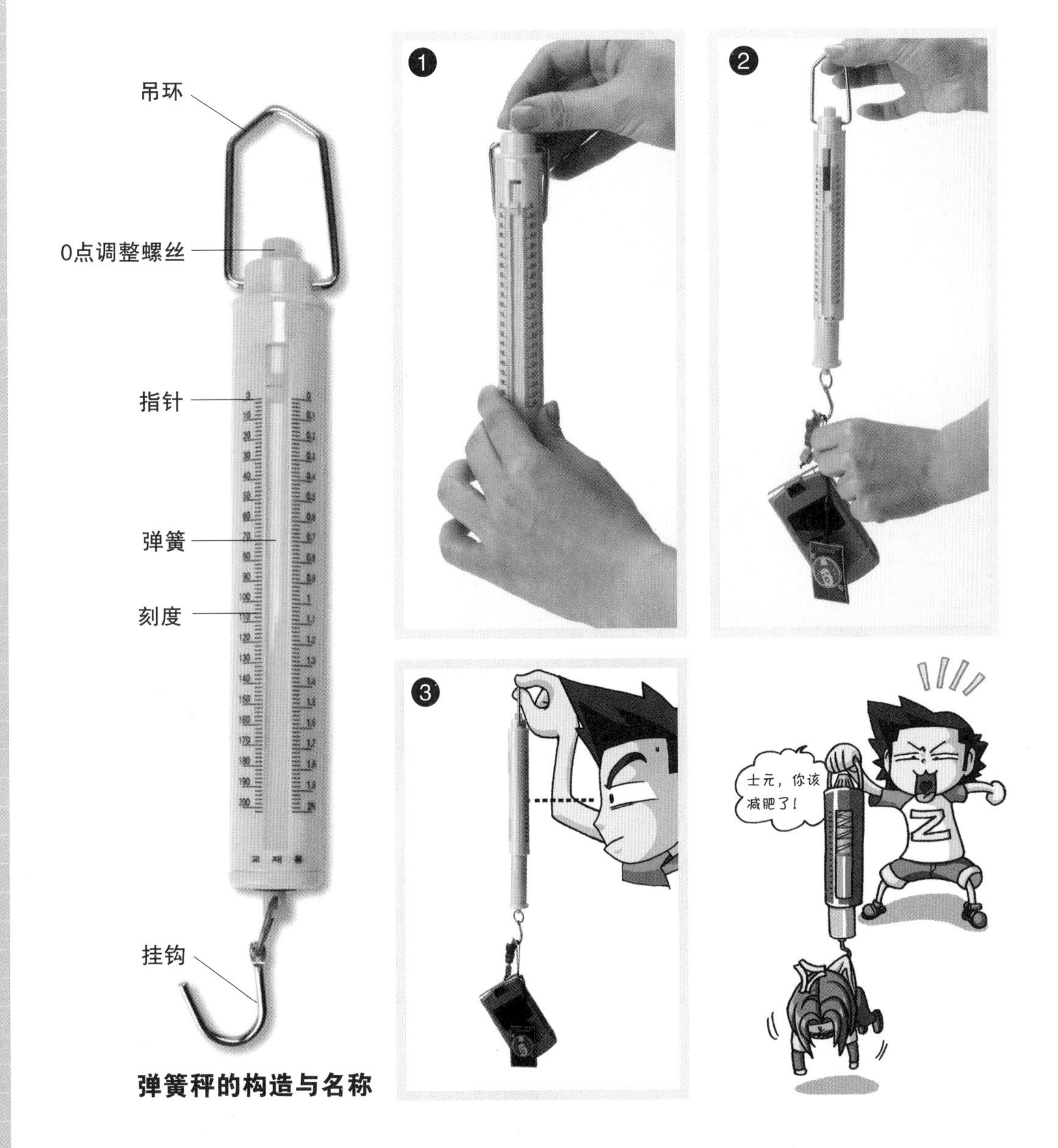

弹簧秤的构造与名称

❶ 为测得正确数值，利用调整螺丝将刻度调到“0”的位置。

❷ 一手抓住吊环使弹簧秤固定，另一手将测量物体吊于挂钩上。

❸ 眼睛平视弹簧秤，观察指针位置并读取数据。

第四部
实验社VS发明社

ORLDNARD
KFE
3
12

KFE
啪

沙
KFE

太好了，
又多了一个。

喂，小宇！

又在靠再生资源回收赚钱啊？你不是说很脏又很累，所以不再捡了吗？
呃……

东张西望
你也知道我最近忙着实验社的课程，没时间赚外快嘛！

注视
KFC

沙
发现！
啪！
KFC

拿到了！
叽咕叽咕
现在的人真是没有环保观念。你知道这种纸杯需要20年以上才能完全分解吗？
KFC
??

我这么做可是
赚钱兼环保呢！
呵呵呵
呼呼呼

环保？
那你为什么不捡不能
换钱的纸杯呢？
心虚

发飙

滚动
啊，又被我
发现了！
我真命
苦！

拿

搞什么！

唰
啊
啊
咦？你不是……
嗯？
哈哈，
我们又见面了，
幸会呀！
咔嚓
开心
好一个抢眼
的家伙！

是啊，
幸会幸会……
哈哈哈

不过，
这是我的！
啪

东拉拉 西扯扯

可恶，为什么
拔不出来！
火大

嗯
嗯

这是我为了回收
纸杯特别制作的
纸杯回收器。
哈哈

纸杯回收器？
对，因为我觉得用手拿很不方便，所以特别制作的。
纸杯回收器开口部分设有卡榫，防止纸杯从回收器内弹出。
咔嚓
纸杯回收器示意图
而底部设有弹簧，用以固定纸杯并防止其晃动。

咔嚓
想取出纸杯，只要打开底部……

我的妈呀！
唰
唰唰唰

哇！卡榫和弹簧。你是怎么想出这种好点子的呢？
雪亮
雪亮
这个家伙！
哦，这是……

利用纸杯中的科学原理啰！
咔嚓

啊？纸杯中的科学原理？
对，之所以这么多纸杯能套在一起，都是因为纸杯的角度。
哇
纸杯
倘若杯底和杯口的直径相同，就无法像这样套在一起了。
唰
唰

而且……
制造纸杯时，为了加强杯底的强度，会利用较厚的纸板制成立架。这样不仅能让纸杯站得稳，更能分散内容物的重量，提升安全系数。
重量
重量

呼呼
还有啊，把杯口外沿做成这样的卷边，也隐藏着很深奥的原理哟！
请告诉我好吗？

嗯……如果有两杯可乐，或许可以说得更清楚些……
你转什么转啊你！
忍住！

等我一下，我这就去买！

清凉爽口的可乐来啰！
迅速
你知道我要捡多少纸杯才买得起两杯可乐……
闷不吭声

现在我们就来做一个实验，这样你们就能了解个中原理了。
沙

咔嚓
咦？这不是我梦寐以求的瑞士军刀吗？
咔嚓
一脸渴望

哼，有钱的家伙！
哼
好了，我们现在就来比较一下吧！
沙

搞什么嘛！还不都一样！
哼

光看是找不出答案的。请你同时将两个杯子拿起来看看。
抓

抓

皱
抓
啊！

那就是杯口外沿卷边的重要功能。
……？
滴
滴

它和杯底一样，都扮演着支撑纸杯的柱子角色。
你这个小人，把我当成你的助理呀？
而当支撑的力消失时，纸杯就会变成普通的纸。
忍耐！
呜

现在，你就喝喝看吧！
你别喝太急哟！

咕噜
咕噜

唰
……

怎么样？
很平常的可乐味道啊！

你先把嘴巴擦一下嘛！
流
下

杯口有卷边的喝起来很顺滑。
可是剪掉卷边的这一杯喝着就有点不舒服了。
哼

没错，注意看杯子被你嘴巴碰到的部位。其中一个杯子因为可乐流出而湿透了，对不对？
哦，真的呢！

杯口卷边的用途就是在喝饮料的时候防止外漏。
一旦少了这个部分，不仅喝饮料时容易外漏，更无法达到防水的效果，也会导致纸杯表面湿透。

而且，当纸杯套在一起时……
沙沙

杯口有卷边时，杯子之间会产生空隙，比较容易抽取。而没有卷边时，杯子彼此紧密贴合，就变得非常不好抽取。
嗯

这就是纸杯的
科学原理！
咔嚓
得意

了不起！
纸杯中竟然隐含着如此
深奥的科学原理！
哇
咕噜

你是为了赚零用钱
而回收纸杯吧？
其实我也是为了
买新发明要用的
材料，才做再生
资源回收的。
是吗？

见到同伴感到
很开心呢！我们
一起加油吧！
同伴？

你有没有
搞错！我们
不是同伴，
而是竞争对手！
生气

竞争对手？
没错，是竞争对手！

哈，既然你们捡纸杯的目的相同，说是竞争对手也不为过呀！

不过，纸杯的数量可没有这么多。倒不如其中一人放弃，或者去别的地方捡，这样应该比较好吧？
我绝不放弃！

嗯，听起来还蛮有道理的呢！

既然如此，我们来一场正正当当的对决怎么样？输的人放弃这一区！
咚咚咚
对决？

好啊，
谁怕谁！
紧张
紧张

哈哈
好，你说过你是实验社的社员，对吧？我们来比这个吧？
啪

唰
唰
跳
嘟噜噜噜

啪
后空翻
搞什么啊？
哇，
好酷哟！

唰
咔咔咔
唰
啪
呼呼
哇！
好帅哟！
偶像！
啪啪啪
哇啊啊
哼！
等等！这和实验社有什么关系啊？我又不是运动社的！
嘿嘿，你先别激动。我要比的不是滑板特技！
哈啊

哔哔
而是你我用接龙的方式，
说出作用于这段滑板运动的
力学原理。接不上的人就
算输家，怎么样？
哔哔
力学？
哔哔

哇，这个提议
不错！
你就试试
看嘛！
哇
哇

等一下！我当然是信心
十足，不过我现在正赶着去
上实验课……
哈哈
不妙！

那我先说啰！
“万有引力”。
晕倒

根据“万有引力定律”，
任何物体之间都存在一种
互相吸引的力。
哎哟！
例如地球吸引物体的力，
叫作重力。
我之所以会落到地面，
就是受到重力的作用！
重力
地球
唰

现在轮到你接了。
紧张
加油！

士元，
你也现在
才下课呀？
哦，嗯……

我先走了。
沙
好……
再见！

啊？你说他们
俩都是实验社
成员啊？
不，其中
一个是发
明社的。
哗哗
哗哗

……
咦，
是小宇！
愣
轮到我
了……

注[1]：四大基本力指万有引力、电磁力、强核力、弱核力。在物理学领域中，这四种力的特性彼此完全不同，故称为基本力。

注[1]：弹性体指在外力作用下，内部各点的应变和应力一一对应，外力去除后能恢复到原来状态的物体。

小宇，加油！
啊，
是心怡！

啊，
对了！
室内鞋
摩擦力！
锵
锵

当你着地时，
地面与轮子
之间产生了
摩擦力！
叽叽
叽叽
很好。

你要想多久啊？
该投降了吧？
嗯……
得意
扬扬

啊，我想到了！
紧急刹车时的
惯性力！
晕
倒

愣住
惯性力？
那是什么？习惯会产生什么力？
天啊……

你……
竟然不知道惯性力？你真的是实验社成员吗？
发飙
什么话？你怎么可以侮辱我们实验社呢？

科学家是做实验的，不是在搞发明。在科学领域中是以实验为优先！
怒气冲天

你错了，范小宇！
咚咚

所谓的科学家，是通过实验和研究归纳出原理的人，发明家则是创造新事物的人。
比如，爱因斯坦是一位科学家，爱迪生则是一位发明家。而伽利略或达·芬奇等人……
哇，厉害！
哇哇
哦哦 哦哦

不仅是科学家，也是伟大的发明家。
晕
倒

喂，江士元！我的私人恩怨由不得你插嘴！
谁叫你在众人面前丢我们学校实验社的脸！

嗯?
我才没有丢学校的脸！
嘀嘀

时间不早了！今天就到此为止吧！
沙
喂，你要去哪里？
啪
对了，你叫小宇，对吧？
停住
这次我赢了，所以这一区的纸杯全是我的。知道了吗？
气死了！
哈哈哈
这场比赛我明明可以赢过他的！
你不要在那里做白日梦了。
你给我走开！
大吼
啊，小宇又在哭了！
好丢脸哟！
你们不要笑了！

来，
翻到第34页。
大家一起来找我们日常生活中的运动定律！

我们的日常生活中隐藏着许多很深奥的科学原理。
嗯……
心怡

但是人们因为惯性……
吓
醒
惯……
笔记本

您说
惯性，是吗？
高
分
贝

呃……
哦，没错！实验社的范小宇，你有问题吗？
我到底在做什么……
？

老师，请问什么是惯性定律呢？
嘿嘿

惯性定律？

惯性定律是与力有关的牛顿第一运动定律，等你上了初中就会学到了。
是！

来，大家继续看课本吧！
什么，初中？也就是说，我不懂是正常的啰？
哈哈
笔记本

不过，那两个家伙怎么会知道这些呢？
宽宏
士元

实验室
嗯？惯性定律？
对，您能马上告诉我吗？
趁其他同学还没进来！
坐立不安

所谓惯性，是指物体具有保持原本运动状态的特性，静者恒静，动者恒动。
愣
老师，您讲简单一点啦！

嗯
该怎么说呢？举例来说……
啊，有了。当你骑自行车时，如果紧急刹车，你的身体会有什么反应呢？

咦？紧急刹车吗？

对，惯性定律是
牛顿三大运动定律中的
第一定律……
啊！
打开
老师好！
啊……是！
我知道了。
哈哈！
哈哈哈哈
我的话还没
说完……
呜！
哈哈哈！
奇怪？
好的，您是说要擦
这里吗？哈哈！
喂，
你拿反
啦！
啪啪
啪啪

注[1]：钟摆运动指物体像荡秋千一样，绕着轴心来回摆动，其中隐藏了许多科学原理。

天啊，小宇！
你已经熟悉这些器具了吗？
哦哦

当然啰！我现在可是
实验器具专家呢！

那为什么独独
漏了我的？
哈哈，那是因为
实验器具不够。
我看你今天先回去
算啦！
啪
呵呵呵呵

打击
来，士元，我的借你用。
沙

不行！

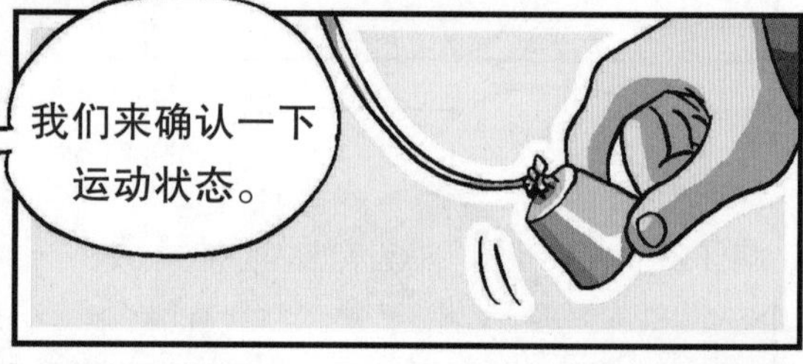

注[1]：势能指物体由于被举高而具有的能量，也叫“位能”。

注[2]：动能指物体由于运动而具有的能量。

摆锤的位能之所以能转换为
动能，就是因为重力。
重力？
嗯
所谓重力……
是地球吸引
物体的力！
跳
起
砰

没错，
小宇答对了。
哦
咚
咚
我能站在地面上，
就是托重力的福呢！
任何物体之间都存在一种
互相吸引的力，这种力称为
“万有引力”。其中，作用于
地球与物体之间的万有引力，
就叫作重力。
呼呼

没错，当拉高吊挂在绳子上的摆锤再放手时……
沙

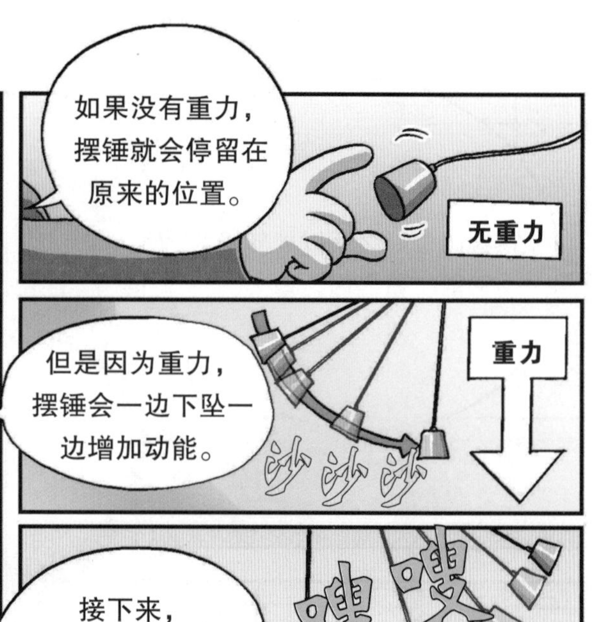
如果没有重力，摆锤就会停留在原来的位置。
无重力
但是因为重力，摆锤会一边下坠一边增加动能。
重力
沙沙沙
接下来，摆锤因为运动的惯性及绳子拉力而上升，故转换为势能。
嗖嗖

我们周围有很多利用这种原理的物体。

摆动的样子看起来很像海盗船！

是吗？我觉得像极了荡秋千呢……
哇
呀
哈哈

没错！海盗船、荡秋千都是在进行钟摆运动。

当然时钟的
钟摆也是！
嘀嗒
嘀嗒
嘀嗒

看来大家对钟摆
运动蛮有概念
的嘛！
哈哈
哈哈

太阳系也是……
您佩服吗？
狗尾巴……
摇摇
摇摇

没错，
这个摆锤组
就好比太阳系。
啊？
太阳系？
唰唰
唰唰

哦，你的意思是
太阳系有类似钟摆
的运动吗？

太阳
这个钟摆是绕圈的圆周运动。
假如这个结是太阳……
金星
那么太阳就是轴心，而行星就是摆锤。
地球
因为太阳吸引行星的引力，提供了行星运转的向心力。
行星才会不断地围绕着太阳旋转。
向心力

注[1]：向心力是使物体沿着圆周轨道运动，并指向圆心的作用力。

咚咚
咿呀咿呀！
跆拳道社
啪
啊！
呀！
哎啊！
啪！
啪
后空翻
呜
呜呜呜呜
杀气

呼啊
下一个对手出来！
是谁？是社长吗？
颤抖
颤抖
颤抖
紧握

呼呼
呼呼
好了，今天就到此为止吧！
哈哈

够了吧！你以为我真的会怕你吗？
你竟敢轻视我这个社长！放马过来！
砰
砰

还早得很！
呵呵
恐惧

啪啦

社长，
你没事吧？
果然！
掉落
他还活着吗？

小倩今天是吃错
药了吗？
下一个
是谁？
眼花

还不都是为了
范小宇！
小宇？

那个家伙怎么还不
出现啊！
你去
问他
！
哼！
？？

依照社长的计谋……
哦，社长？
突然起身

我……不想送命……

既然我还活着，我一定会想办法让小宇加入本社团的！
恐怖
嘿嘿嘿

好！就此展开第3阶段计划！
第3阶段？
他做过第2阶段吗？
啊？
哇哈哈哈
你们到底准备好了没有？
救命啊！
呀
社长，快闪开！
咿

自制气球火箭

实验报告	
实验主题	火箭边排放气体边升空的现象，我们可以用作用力与反作用力定律来说明。请读者利用简单的实验器具亲自进行实验，以了解作用力与反作用力定律和火箭的升空原理。
准备物品	❶醋 ❷气球 ❸碳酸氢钠200克 ❹300mL的烧瓶 ❺漏斗 
实验预期	醋和碳酸氢钠相遇而产生反应，就会产生二氧化碳，此时气球会产生某种变化。
注意事项	❶ 吹气球时请特别小心，以免气球爆裂。 ❷ 请勿饮用实验材料。灌满碳酸氢钠的气球不慎漏气时，绝对不能用嘴巴往里补气。

实验方法

❶ 利用滴管将碳酸氢钠滴入烧瓶。

❷ 吹胀气球并套在烧瓶口后，将烧瓶倒立，使碳酸氢钠流入气球内。

❸ 紧握气球开口处，以防止气球内的气和碳酸氢钠外漏，并抽出烧瓶。

❹ 利用漏斗将醋倒入烧瓶约四分之一处。

❺ 紧握气球开口处，以防止气球内的气和碳酸氢钠外漏，并将烧瓶口套入气球。

❻ 将气球立起，使气球内的碳酸氢钠快速流入烧瓶，退后几步观察后续现象。

这是什么原理呢?

《科学实验王》第1册中介绍过，酸性溶液和碳酸钙反应会产生二氧化碳。本章实验要介绍的是，当醋遇到碳酸氢钠时，也会起反应而产生二氧化碳。此时，气球会因为二氧化碳的不断增加而越胀越大，随后因为压力而脱离烧瓶，接着便因为二氧化碳排放时所产生的反作用力而升空。作用力与反作用力定律也是发射火箭的原理。火箭燃料燃烧时产生的大量气体，瞬间排放时会造成很大的作用力，火箭就利用空气产生的反作用力而升空。

除此之外，在我们的日常生活中也不难发现应用作用力与反作用力定律的例子，如：快艇或汽车出发时，游泳划水时，发射子弹时，等等。

G博士的 实验室1
正确的实验服装

博士，用锤子钉钉子时，应该戴手套吧？

砰

砰

⚠ 实验室的安全守则！

进行实验时应穿着实验衣，才能避免意外事故的发生。

还要穿着如运动鞋一样完整包覆脚部的鞋子，而不要穿拖鞋或凉鞋。

需碰触表面粗糙的物体时，双手应佩戴手套。

进行物体会弹跳的实验时，则应佩戴护目眼罩。

第五部
揭开序幕
黎明小学实验社
加油！

唰唰唰唰

咔

吱吱吱

晃
晃

唰唰唰唰
骑着自行车，

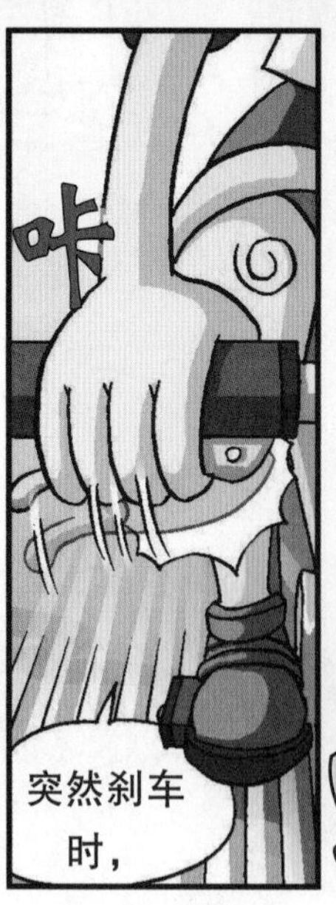
咔
突然刹车时，

摇晃
我的身体也被惯性影响吗？
吱吱吱

这就是……
惯性吗？
摇晃
摇晃
是吗？

喂，
范小宇！
嗯？

嗒嗒嗒嗒嗒
天啊！

唰
他们
……
怎么
又出现了？

不对，我又何必一直闪躲呢？
停住
男子汉大丈夫，
应该要化解误会
才对……

嘿呀呀呀
不对呀，跟一群怪兽怎么谈判啊？

啊！喂，等一下！
唰唰唰
走为上策！

……
全力冲刺！
嗒嗒嗒嗒嗒

哼！现在应该跟不上了吧？
想要抓我，门儿都没有！

嗯？

呜哇！
飘飘飘飘飘

闪开！
危险啊！

握
握

唰

唰

唰
啊！
啪

你没事吧？
呜啊啊啊……

啊！

小宇，
我……

停
惯性
吱吱吱
物体有保持原来运动状态的惯性！虽然自行车停了下来，但我的身体仍旧保持向前冲的运动状态……

嗯……
这就是惯性吗？
小宇

没错，
没错！
没错，
我终于了解了！
我有话想要跟你说……
哇哈哈哈
啪

喂！
你干吗要跑？
等我一下！
嗒嗒嗒嗒
啊！

不耐烦
他们为什么一直跑来找我麻烦呢？一群讨人厌的怪兽！
怪兽？
唰唰唰唰

嗖
嗖

小倩，他刚刚说了什么？
呼
呼

气死我了！都是你害我们被骂是一群怪兽啦！
发火
一群怪兽？你在说什么呀？
怪兽三人组
社长，我看不行了。我们就此放弃算了。
唉，气死我了。
垂头丧气
范小宇！我一定会让你加入跆拳道社的！
意志坚定

永不放弃！唯有小宇加入跆拳道社，小倩才会回心转意！
好！坚持！

怪兽的怒吼！

注[1]：牛顿第二运动定律指物体的加速度与所受外力成正比，与物体的质量成反比，其方向与外力方向相同。

搞什么，
你们到底在
忙什么？

呼呼呼
你看不出来大家正忙着
为明天的实验大赛
做准备吗？
咦？

嗯。
啊……
嘿嘿

啪
啊，我的妈呀！
明天就是实验
大赛？
慌张

为什么
没有人提醒
我呢？
这种大事
还需要提醒吗？
发火

我担心无法晋级，
所以整夜都没有睡呢！
我也好紧张哟，不知道
明天能否顺利晋级！

呼呼
你们不用担心，
比赛只不过是
另外一堂实验课。
更何况以我多年的教学经验来看，
你们是让我觉得最……

嗯，该怎么说呢……
最顶尖
吗？
最聪明
吗？
期待
期待

某个人
很聪明，
对，最独特
的一群。
指他
而某个人呢……呼呼。
呵
吃惊

不是吧？老师
您现在的笑声是
代表我……
实验社的
同学们！
大家准备
好了吗？明天
就要比赛
了！
哈
哈哈哈哈
我绝对相信你们
第一回合的比赛可以轻松
获胜！你们说对不对呀？
沉默

呵，你们果然
很紧张。
嗖嗖嗖

我早就料到你们
会紧张，所以
特地准备了
礼物哟！
沙沙作响

……
哈，你们看！
锵锵
呃！！
啊！
吓
那是什么？
好东西！
这是实验社的社服呀！大家可以穿这件社服参加比赛！
哈哈
唰唰唰唰
哦哦！
来，赶快穿上！

无力
我想退出……
质感还不错呢！

对嘛，这样才像一个正式队伍嘛！我很期待明天的到来，哈哈！
唉……
好，各位选手！我相信你们明天一定可以获胜！
大家加油！
哈哈哈
再大声一点！加油！
加油……
加油！

咚咚
加油！
必胜
哦！

怪了，明明约好在这里见面的，怎么没有一个人呢？
哈哈，你们看看这张海报！
呵
真好笑，还印有社团名称呢！
吃惊
黎明小学实验社？

爆笑
黎明小学实验社
加油！
啊！
是社服上的照片？
嗯？
什么？
呀！
看什么！没见过头巾啊？
这可是当今最流行的打扮！
沉默
唉，真让人受不了。
气冲冲
气冲冲
喂，你是小宇吗？

嗨，小宇！你们学校的实验社也参加这次的比赛呀？
唰唰唰
哦，原来是你！
他在搞什么？
对呀！不过，你们怎么会出现在这里呀？
什么？所以你们也想来插一脚？你未免也太小看实验大赛了吧！
不客气
啊，因为……我们在发明大赛被淘汰了。
哈哈

没有啦，我们在全国发明大赛得到第四名，因而丧失国际物理奥林匹克大赛的参赛资格，所以想通过这次比赛重新挑战罢了。
咚咚

国际物理
奥林匹克？
吓！
全国第四名？
是这样吗？
吃惊

虽然这是我们头一次参加实验大赛，但为了取得本届大赛的参赛资格，我们可是做了万全的准备呢！

来，我们进去吧！
是，老师。
再见。
祝你好运哟！
你也是。

全国第四名，
真是了不起……
啊，
我看到了！

范小宇！
你在这里干吗？
害我到处
找你。
小宇！

你有没有搞错？到底是谁在找谁呀！
嗯？

愣
你真的把社服穿在身上？
吓！

我的天啊！
哈哈哈
你们为什么都没有穿呢？

怎么没人，我穿了啊！

我的妈呀！这下子变成情侣装啦！
呜啊啊
呵呵，我们又不是情侣，你在怕什么！
哈哈哈哈哈哈

好的，现在宣布
全国实验大赛的前哨
战——县内实验大赛
正式开始！
咔
咔
咔
咔
咔
咔
诚如各位所知，
每一参赛队伍将会在为本届
比赛特别设计的移动式建筑
物内，进行5次对决。
现场会有一名
监督官进行公平公正
的审查，并且对现场
实验画面进行拍摄，
以作为参考资料。
嗯。
好的！
请先确认分发给各队伍
的组别对照表，并依指示
前往指定实验室。

我们的第一场比赛对
手是高手小学。啊，
就是这里。
哦哦！

咔
嚓

咚咚
啊，是你！
嗯？

啪
背面
正面
我们来一场正正当当的君子之争吧！
那是当然的啰！我们一起加油吧！

不过怎么办呢？最后获胜的必然是我们，哈哈哈！
哼

那要看你有没有本事啰！
呵呵

好，位置已经决定了，高手小学请到左边。
黎明小学请到右边的实验桌。
咚咚咚

好，现在
宣布实验主题。
请两队的参赛者
仔细聆听比赛
方式。

共有“电池
与灯泡”“作用
力与反作用力”
紧张
“气体特性”
“光学”等主题。

率先解开这道题
的学校，就可拥有
主题的选择权。
啪

题目是在这12根火柴中，移动4根火柴，使之成为10个正方形。
啪
咚咚
紧张
当一方无法解题时，解题机会便自动归于另外一方。

锵
我要抢答。
什么？

连想都没有想就要抢答，太离谱了吧？
糟糕……

他的目的是想优先争取抢答的机会，是我们迟了一步。
竟然有这种方法！
哎呀呀

不，这不代表他一定能够解开。
嗯……

在12根火柴中，只能移动4根。
把5个正方形变成10个……
不会吧！
嗯……
不对，正方形！

沙
紧张
咚
咚
完成了！
移动上、下各2根火柴，以十字形分别放入大的正方形内，使之变成2组4个小正方形。
锵
再加上外围的2个大正方形，这里总共就有10个正方形。
锵

这个家伙真的
解开了！
哦哦

他的确了不起！

好的，现在就由
答对本题的高手小学，
来选择实验主题。
请选择实验主题。

一旦选择就无法更改，
所以请慎重考虑后再决定。
很好！
如我所愿，
我们成功取得了
优先选择权！
是……
我们是发明社，
而对方是实验社……
该选哪一个呢？

啊，对了！
惯性定律！
那是什么？
惯性定律？
嗯
他不懂惯性定律，
表示他们对力与运动
定律没什么概念。
那么……
你真的是实验社
的社员吗？
我决定了！
我要选
“作用力与反作用力”。

G博士的 实验室2
弹性极限

⚠ 实验室的安全守则！

凡具有弹性的物体，皆有维持弹力的极限，我们称之为“弹性限度”。

如果因受力而变形的物体超过弹性限度，就无法恢复原状，会造成永久形变。

所以利用具有弹性的物体进行实验时，应该注意不得超过弹性限度。

自行车里隐藏的科学原理

自行车是人类发明的最有效率的交通工具之一。自行车的速度比走路快约5倍，但其动力并非来自汽油或电，而是纯粹来自人体。乍一看，自行车像是一个很简单的机械装置，但只要仔细观察，你会发现其中隐藏着非常复杂的科学原理和技术。

1.车架与轮圈：承受重量

为了承受更多的冲击和重量，又不增加不必要的重量，自行车的车架设计成了三角形互相重叠的结构。不同款式的自行车，车架的三角形数目也不一样，例如比赛用的公路车和休闲活动用的小折叠车，车架就有很大差异。这也是自行车设计上变化很大的一个部分。另外，轮圈的辐条也可以视为一种三角形的结构，可以提高自行车的稳定性和安全性。

2.坐垫：弹力

除坐垫本身有弹性之外，有些坐垫底部还装有弹簧，可以吸收并降低震动所造成的冲击，使短程骑乘感觉比较舒适。

3.刹车把：杠杆原理

刹车把运用了杠杆原理，只需在刹车把上施加微小的力，通过刹车线即可传达给刹车片极大的力量。刹车把的位置和外形会因为自行车款式的不同而不同，有些还会跟变速器结合在一起。

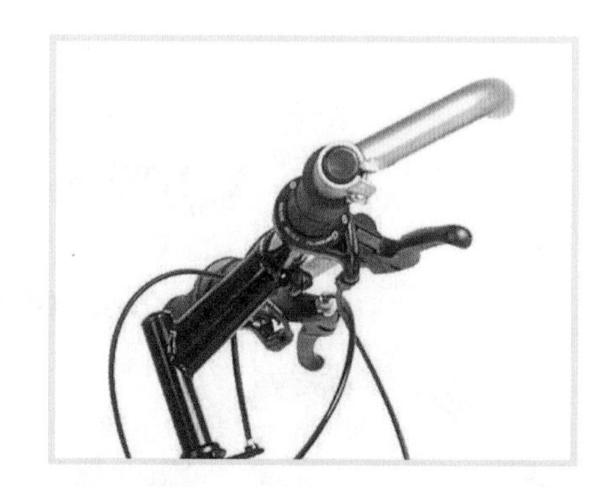

4.刹车：摩擦力

握紧刹车把时，刹车片会直接压紧轮圈，并通过产生的摩擦力使车轮转动变慢。一般刹车片是摩擦力较大的橡胶材质，另外还有金属制的碟刹型刹车装置。

5.轮胎：弹力、摩擦力

橡胶轮胎的弹力可以降低震动冲击。此外，轮胎表面的胎纹越深，摩擦力就越大，适合行驶在颠簸不平的山路上；相反，轮胎胎纹越浅，摩擦力则越小，适合行驶在平坦的公路上或在竞速比赛中使用。

自行车的传动装置

❶踏板

❷曲轴

❹轮胎

❸齿轮与链条

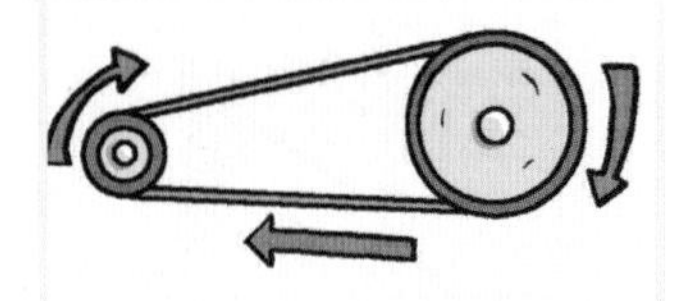

自行车的刹车装置

❶刹车把

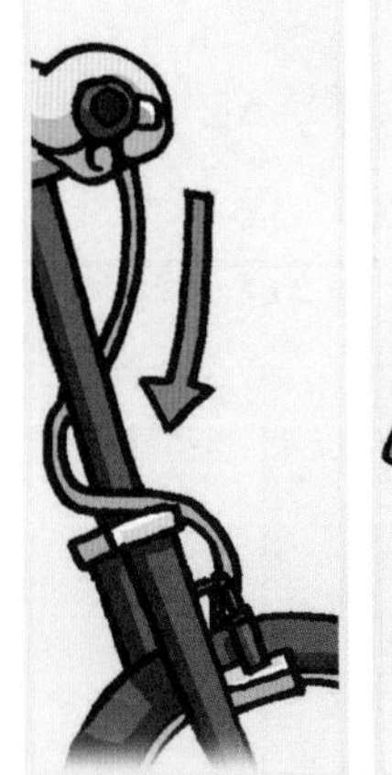

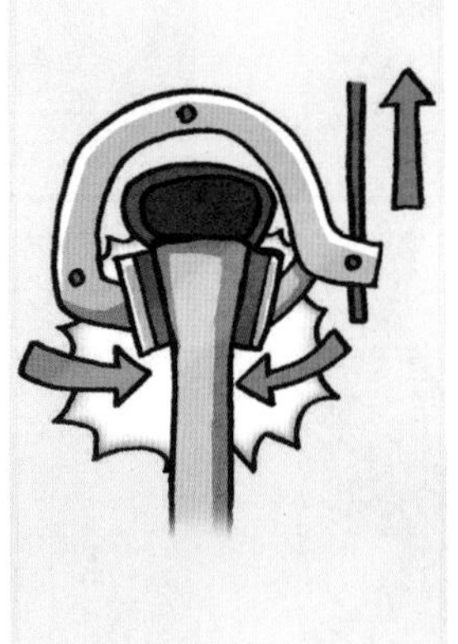

❷刹车装置

❸刹车作用时

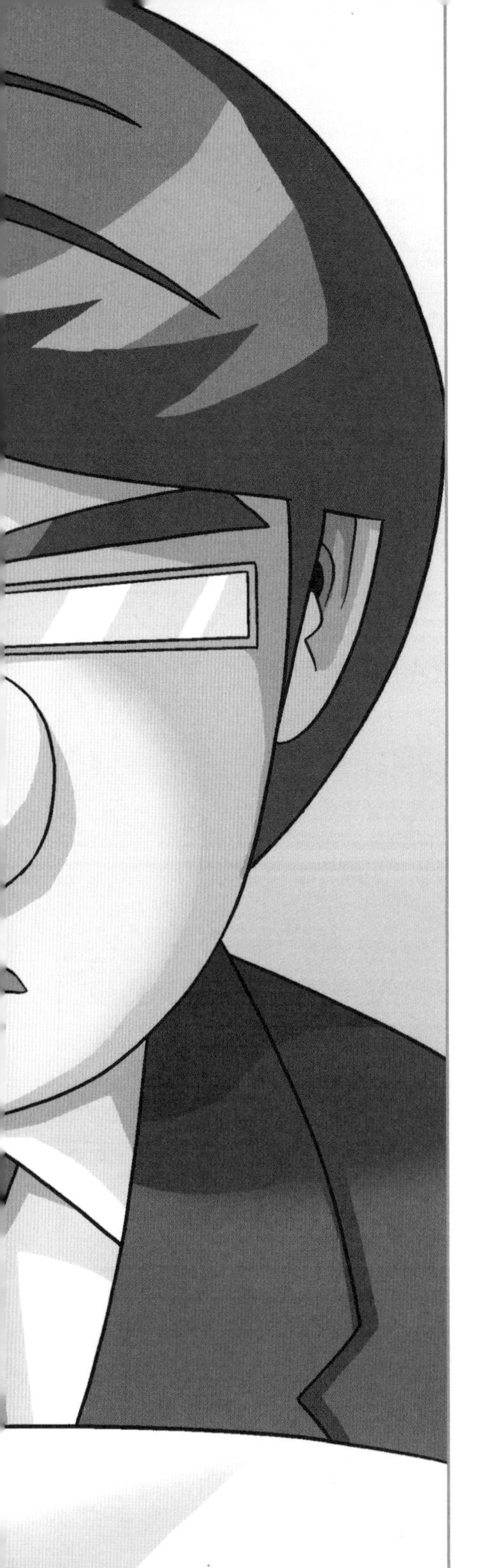

第六部

被破坏的实验品

咚咚
那么依照高手小学队的选项，今天的实验主题就是“作用力与反作用力”。
两队可使用本实验室内的所有材料，准备时间为10分钟。实验时间则为30分钟。
评分与裁决由我本人负责。任何一队对评分或裁决结果有异议时，则依现场录制的影像进行重审。
翁
翁
哇
好，本人在此宣布，县内实验大赛第一场预赛正式开始。
咚
啪
咚咚

好，
把握时间！
飞奔

作用力和反作用力，是牛顿运动定律的第三定律！
思考

当A物体给B物体一个作用力时，B物体必然同时给A物体一个反作用力！

实验重点是要证明作用力与反作用力大小相同，且方向相反……

喂，作用力与反作用力到底是什么意思？我根本就不懂啊！
砰
不……
不行！

所谓作用力与
反作用力……
沙
唉！

啪

当这颗乒乓球落到桌面时，
它的撞击会施力于桌面，
这时桌面也会施力于
乒乓球，使乒乓
球弹起。
沙

此时，乒乓球施予桌面
的力称为作用力，桌面
弹回乒乓球的力则称为
反作用力。
作用力
反作用力

例如车子碰撞时、
游泳时，
作用力
作用力
反作用力
或开枪时把会
产生后坐力的现象，
都是很好的例子。
反作用力
作用力
反作用力
哦哦！

心怡，对吗？
你的意思是，物体互相碰撞，就会产生作用力与反作用力现象啰！
嘿嘿
对，作用力与反作用力在我们的日常生活中也很常见。
心怡同学！

现在可没有那个时间教育菜鸟，我们所剩的时间不多了！
什么？

啊！只剩下6分钟了。
嘀答
嘀答

赶快去准备实验物品，否则就没有机会了！

再说，对方的东西已经差不多就绪了。
这么快！
哼
我看差不多了。
沙

嗯？

你想利用弹簧秤来做
实验，对吧？
嗯，没
错……

利用弹簧秤可以用数字精确
呈现力的大小，而这个实验只要将两个
弹簧秤慢慢拉开就行了。
哦哦！
反作用力
作用力

可是这么简单的实验
会有胜算吗？

你说到底
有没有啊？
啪
……

没错，
这种
实验的
难度的
确很低。
啪

同学们，我们只剩下3分钟了！
先把东西摆好再说吧！
杂七
杂八
滴答滴答
不行！准备一大堆不必要的物品也会被扣分的。
那要怎么办？
嗯？
哦？
沙
好，螺旋桨！
剩下2分钟！
唰
同学们！我们来进行利用螺旋桨移动木车的实验！
帮我准备木车、黏合剂、一小块木板、电池和电线！
好！
木车？

找到了！
那我要做什么？

你把手上的东西放回去！
没面子

丁零零零零
好，准备实验物品的时间结束了，请各位开始进行实验。
呼
按
呼
呼

太好了，东西总算就绪了！
好，有这些就够了。
呼
呼呼
呼呼
呼

首先，在木板上
涂抹黏合剂，
再牢牢地固定
在木车上。
啪

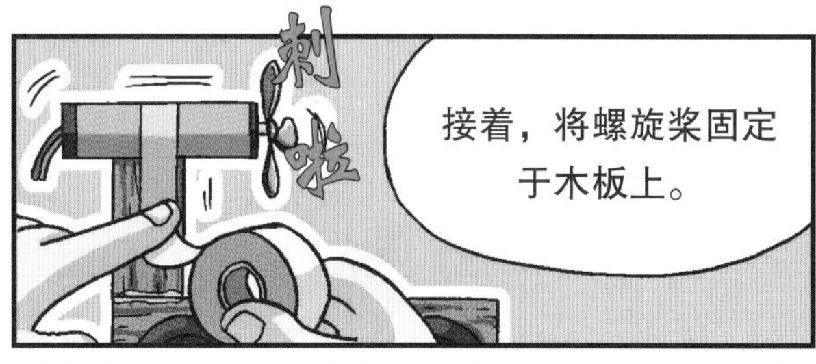
刺啦
接着，将螺旋桨固定
于木板上。

然后，安装上电池和
电线……完成了！
压下

哇
啊
啊
啊
确认有没有
粘住。
我想应该
没有问题了。

接下来，
只要连接电池
和电线就
可以了。
唰唰
沙沙

啪
啪
啪

嗡
嗡
嗡
奇怪，到底从哪里看出来有作用力与反作用力啊？
根本就没有东西互相碰撞嘛！
嗡嗡嗡
嗒嗒
嗒嗒

嘟
噜
噜
噜
哦哦
动了！
它在动了！

此时，如果在螺旋桨前面插入木板的话……
啪

惊讶
哦，停住了！

木车之所以会前进，是借助了螺旋桨转动产生的风推挤空气时产生的反作用力。
作用力
反作用力

插入木板后，因为螺旋桨和木板都装在车上，此时作用于木板的风力，与经螺旋桨传至木板的反作用力相互抵消，使木板停止前进。
10
10
10–10
=0
专注

这么说来……

我们的实验成功了，哈哈哈！
哈
没错！只要写出完整的报告书就可以获胜了！

嗯？
沙沙

他们在
做什么实验啊?
谁知道!
好了!

他们的实验是将灌满空气的气球粘在吸管上，并且将绳子穿入吸管，当气球排气时，气球就会因为反作用力而沿着绳子移动。
作用力
反作用力
唰唰唰

啊，我好像在哪里见过呢!

这种实验可以很简单地说明原理，所以很常见。
也就是说……
呼呼

我们比较有胜算啰?太好了!
咯咯
咯咯
……
惊悚

好，
准备就绪！
锵
锵
嗯？
通常绳子
是绑在椅
子上才对
呀……
是吗？

咚
咚

纸飞机是利用厚纸板
和吸管做成的！
啊，
那是……

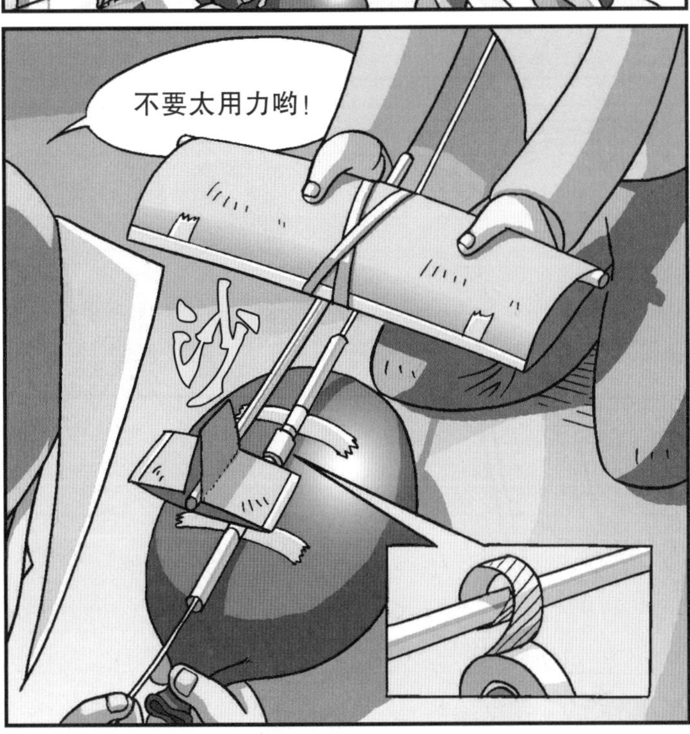
不要太用力哟！
沙

好，
要放手了！
好！
噗
啊！
嗖
嗖
嗖
嗖
嗖
嗖嗖
动手！
啪

摇晃 摇晃
嗖呜呜呜
哇，
飞起来了！
成功了！
哦哦
哦哦
气死我了！他们到底
在做什么实验啊？
懊恼不已
哇啊啊
你看不懂是吧？
这也是证明作用力与
反作用力的实验。
什么？

注[1]：升力是指当纸飞机在空中飞翔时，流经机翼底部的气流会形成一股把机翼向上抬升的力。

他们这么快就想到用两种方式来证明同一个原理……
哼

看来对方的实力比我们略高一筹呢！
江士元，都是你害的，我们要输了！
发
飙
……

呼呼，怎么样呀？黎明小学的老师？
呼呼

呼噜
他竟然在睡觉！
砰

可惜我们在全国发明大赛只拿到第四名……
厉害！能够在全国大赛名列前茅，果然名不虚传！
气

呜
呜
可是我好不甘心！

嗖
呜
呜
呜
嗯?

啪!

哐啷
不行！

天啊！我们的
实验作品！
嗯？

天啊……
怎么办？

可恶，你们把我们的
实验作品弄坏了！
你打算怎么交代？
这……
破口大骂

咳!

请安静!实验大赛要结束了,
而且这算不上是很严重的意外,
所以我宣布继续进行比赛。

不过实验作品若是
受损会被扣分,
请各位多留意。
扣分?
震
惊

我们该不会
也被扣分吧?
我们可是受
害者!

这点我没有办法保证。
因为保护实验作品也是
你们的职责。
吓!

呼
太好了，我们的飞机并没有受到很大的损坏！
真的。
唉！
断裂

哪有这种道理啊！
太过分了！
冤枉啊！

算了。

主办单位有他们的规定，我们也只能接受。先想办法修理实验作品吧！

没的玩了，已经支离破碎了，这要怎么修啊？
嗯。

再加上对方的实验也比我们精彩。
他们还证明了两次呢！
沮丧

都是我的错……

当飞机飞过我面前时……
我明明可以挡住的！

如果我没有袖手旁观……
……

懊恼
如果我拦截了……
如果那时我用手拦截飞机……
就不会发生碰撞了！
愤怒

啊！
有了！
碰撞……

不要再说这些了！
你现在自责也于事无补！
啪

不，江士元！
这也是作用力
与反作用力，
对吧？
什么？

啊……
没错，
这的确是……

那是
什么意思？

哈哈
当物体碰撞时，
就一定会有作用力与
反作用力，对吧？
所以呢？

这代表我们利用飞机与木车的
碰撞意外，完成了一次实验！
啪
什么？
咚
咚
咚
惊
嗯？
利用意外完成实验，
什么意思啊？
没错！当对方的飞机和
我们的木车相撞时，
嗯。
沙
然后呢？

飞机碰撞木车的力为作用力，对吧？
作用力
砰
对！就是因为那个作用力，我们的木车才会掉下去的。
那碰撞后的飞机呢？
碰撞后的飞机……
啊，我想到了！飞机在碰撞后弹到后面去了！
啊哈
反作用力
啪
砰
没错！那就是木车的反作用力。

也就是说，因为这场意外，我们也在无意间两次证明作用力与反作用力啰！
哇哈哈
而且被破坏的这台木车……
哈哈
就成了完美无缺的实验作品！
哇

好，现在只要写出完整的报告书就可以了！
这就交给我啰！

嗯……
慌

紧张
紧张
呼哈……比赛终于结束了吗？
沙
沙沙沙

啪！
啪！
好，现在……
肃
严
紧张
我要宣布评分结果了。

紧张
咕噜
紧张
紧张
紧张
紧张
紧张

实验态度，
高手小学5分，
黎明小学5分！
沙

实验报告，
高手小学8分！
好棒！

黎明小学7分。

实验内容，
高手小学7分！

嗯？

啊！

黎明小学是……
9分！

以上，报告完毕。
咚
咚
咚

什么？那到底
谁是赢家？
毫无头绪
21比20……
哇
我们赢了！
真的？
呼，害我紧张了
半天。
全身颤抖
耶！我们赢了！
哇哈哈哈哈
这一次我又立了
大功啦！
哈哈！
赶快收拾东西。
石化

虽然在比赛过程中
发生了一个小插曲，
不过两所学校都很
优秀。
胜败乃兵家常事，
希望各位继续努力，
继续加油。

您辛苦了。
弯腰
磕头
谢谢！

嗯
……

真没想到一场
意外事故，竟然让
你们反败为胜。
哈哈哈

哈哈，应该是说我们
一路领先才对吧？
冷飕飕

恭喜你们！黎明小学实验社果然名不虚传。

哼
当然啰！其实你们也表现得不错呀。这次算我们运气好。

我们下一次一定会打败你们的，
你可得绷紧神经哟！

那就要看你还有什么看家本领啰！
哼哼
你会看到的！

我们后会有期！
啪！

黎明小学

吱
吱
吱

干吗？
你又在玩惯性
定律啊？
向前冲

在哪里？
在哪里？
东翻
西找

范小宇，
你在找什么？
东看看
西看看

这是什么？
怎么都找不到啊？

你到底在找什么？
该不会……

不仅布告栏上找不到我们获胜的消息！
实验大赛获首胜
风云人物
范小宇
大赛获首胜
更没有悬挂红色条幅！

你未免也想得太多了吧？我们又不是赢得全国大赛冠军……
飞散
飞散
冷飕飕
不要！我的海报！

哗啦啦啦啦
我的梦
碎了。
哼

范小宇，你有空
跟我聊一下吗？
沙
走开啦，我现在
没有心情跟你聊。

我们就聊一下嘛！
咯咯咯咯

各位大哥，
请你们冷静……
抖
抖

我等了
一个月了，
范小宇。
你到底为什么
还不加入跆拳道社呢？
哼哼哼

那是……那是因为
实验社不能没有
我这个天……
僵硬

哼，看来你还是非常
瞧不起我们跆拳道社！
呵呵呵

既然如此，我就让你见识
一下什么叫作跆拳道！
啊啊
救命！

啪啦

支离破碎

这就是跆拳道厉害的地方，看到了没？
握紧拳头

男子汉大丈夫，与其学习无聊的科学，不如学习跆拳道！

怎么样？这样你还是不愿意加入跆拳道社吗？
哼！
啪！

什么叫无聊的科学？你以为徒手打破木板，我就会改变心意吗？
啪

还有，你别以为体格壮硕就代表你是一个男子汉！
什么？
挥

牛顿虽然矮小又体弱多病……
我也……
办得到！

臭家伙！
出
拳

你敢对我大声……
唰唰
救命啊！

啪

嘿
嘿
嘿

嗯?

砰

啊!

嘿嘿
这就是所谓的惯性定律！当物体处于运动状态时，若没有其他力的作用，物体就会继续保持运动状态！
我的手!

另外，你的拳头施加多少力给墙壁，墙壁对拳头的反作用力就有多大……
你的手应该很痛吧?
作用力
反作用力
咚
啊!
刺痛!

呜……
我已经忍无可忍了……
杀气

同学们！
好好修理他！
是！
啊！

一窝蜂
咿呀！

你们怎么可以
以多欺少啊？

统统给我住手！
呆住
沙

已经毫无意义了！
所以不要再欺负他了！
咚
一溜烟
啊！是小倩！
嗯！你不就是上次……

她是我们学校跆拳道社的王牌林小倩！在全国跆拳道大赛得过冠军的，血型是A型，而且……
林小倩？
本校风云人物
原来你就是布告栏上的林小倩？
嗯……
惊吓

哈哈哈，原来如此！
你真的很讲义气！
你是因为我曾经帮过你，所以现在报答我，对吧？
啪
哈哈

这是我们的命运！
命运？

我问你，
你应该比跆拳道社的同学都要强吧？
那以后他们如果要欺负我，就请你出面帮我。
什么？
叽里呱啦

当然不是免费的。
当你有难时，
我也一定会出面帮你的。怎么样？
……

可……可以啊！
好！
哈哈

来，你们动手啊！
转身
……

社长！
这是怎么一回事？

哇啦啦
有谁敢再欺负小宇，我一定会让他哭着回去找妈妈！
尤其是跆拳道社的！
吼吼吼
啊！

气死我了！范小宇，今天算你走运。等着瞧！
使眼色
指

快跑！
溜之大吉
是！
哈，好快哟！

嘿嘿
社长，这到底是怎么搞的啊？
呼呼
这到底是怎么回事嘛？

一群笨蛋！这叫作达成任务啦！
这是第7阶段的作战计划！
哈哈哈哈哈！
嗖嗖
呼。
有你这种朋友真好！
好朋友，感谢你！
不要脸的家伙！
噗

你看起来这么软弱，
竟然是个跆拳道神童，
真不可思议！
有眼
不识泰山！
软弱？

阴森
吃惊
她好恐怖
哟……

说起来，
我们的身份
还挺相似的呢！
因为我也是
实验社的神童。
呼呼呼
恶心！

还有啊……
我也一定会夺得
全国实验大赛冠军
奖杯的！
帅气

他真的好酷哟！
看我的！
嘿嘿

我们一起加油吧！
哈哈
好……好！

为了夺得全国大赛冠军，我会努力的！
这样心怡也会对我刮目相看！
呼
握拳

心怡，你要为我加油哟！
优胜奖金，你要等我哟！
锵锵锵
小宇第一名
小宇很喜欢一个人做白日梦！
你好帅哟！

力的种类与特征

在我们的日常生活中，“力”这个字涵盖了身体的能力或个人、团体的势力等多重含义 。但在科学领域里，它是指改变物体的形状或运动状态的作用。

1.重力

即地球将地球表面的所有物体往地球中心吸引的力。我们之所以能够站在地面上，或者手持的东西会掉落地面等，都是重力所致。

2.摩擦力

摩擦力是指两个物体接触时，阻碍其相对运动的力。我们在结冰的路面上滑倒是常有的事，但只要在结冰的路面上铺满细沙就不太容易滑倒，这就是应用摩擦力的一个例子。原因在于细沙阻碍了结冰路面与鞋底之间的运动（滑倒）。

3.弹力

弹力是指物体发生形变时所产生的使物体恢复原状的作用力。对橡皮筋或弹簧等弹性体施力时，它们会产生形变现象；一旦施加的力消失，它们就又会恢复原状。弹簧、橡胶球、海绵等都是具有弹力的弹性体。

4.磁力

所有磁铁皆有N极与S极，同极相遇时会互相排斥，异极相遇时则会互相吸引。磁铁能吸住铁片，且磁铁彼此之间也具有相吸或相斥的力。

5.电力

电力是指作用于带电物体之间的力，和磁力非常类似。带有同种电荷者会互相排斥，带有异种电荷者则会互相吸引。有一个简单的小实验，将塑料垫板或尺与毛皮摩擦后产生静电，可以吸引碎纸片。我们在冬天脱下毛衣时，会听到噼里啪啦的声音，这也是一种常见的静电现象。

图书在版编目（CIP）数据

牛顿运动定律/韩国小熊工作室著；(韩)弘钟贤绘；徐月珠译. —南昌：二十一世纪出版社集团，2018.11(2024.10重印)

（我的第一本科学漫画书. 科学实验王：升级版；2）

ISBN 978-7-5568-3818-9

Ⅰ.①牛… Ⅱ.①韩… ②弘… ③徐… Ⅲ.①牛顿运动定律—少儿读物 Ⅳ.①O301-49

中国版本图书馆CIP数据核字(2018)第234056号

版权合同登记号：14-2009-109

我的第一本科学漫画书

科学实验王升级版❷牛顿运动定律 [韩]小熊工作室/著 [韩]弘钟贤/绘 徐月珠/译

责任编辑 邹 源
特约编辑 任 凭
排版制作 北京索彼文化传播中心
出版发行 二十一世纪出版社集团（江西省南昌市子安路75号 330025）
www.21cccc.com（网址） cc21@163.net（邮箱）
出 版 人 刘凯军
经　　销 全国各地书店
印　　刷 江西千叶彩印有限公司
版　　次 2018年11月第1版
印　　次 2024年10月第11次印刷
印　　数 80001～85000册
开　　本 787㎜×1060㎜ 1/16
印　　张 13.75
书　　号 ISBN 978-7-5568-3818-9
定　　价 35.00元

赣版权登字-04-2018-400